Écrit par Chantal Henry-Biabaud
Illustré par Liliane Blondel

Conseil pédagogique :
Équipe du bureau de l'Association Générale des Instituteurs et Institutrices des Écoles et Classes Maternelles Publiques.

Conseil éditorial :
Brigitte Boucher, médecin nutritionniste.

ISBN: 2-07-039785-8

1er dépôt légal: Janvier 1991
Dépôt légal: Novembre 1993. Numéro d'édition: 67343
Loi n. 49-956 du 16 juillet 1949 sur les publications destinées à la jeunes
Imprimé par la Editoriale Libraria en Italie
GALLIMARD JEUNESSE

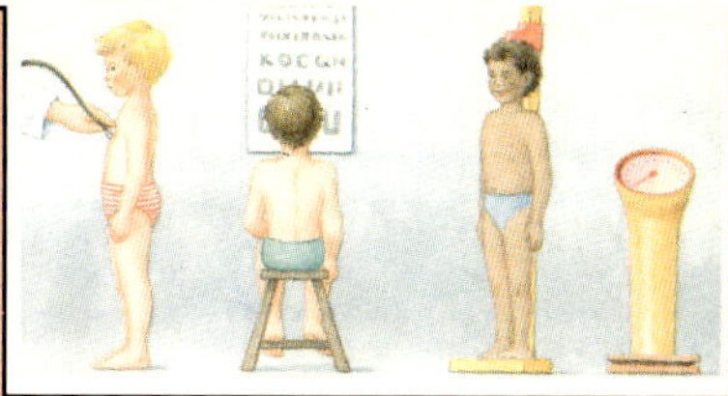

Le corps,
une merveilleuse machine

DECOUVERTE BENJAMIN

Tous semblables et tous différents

Petits ou grands, gros ou maigres, jeunes ou vieux, blonds, roux ou bruns, blancs, jaunes ou noirs, beaux ou laids, nous sommes tous fabriqués sur le même modèle.
Nous avons une tête avec des cheveux, deux yeux, deux oreilles, un nez, une bouche, un tronc avec deux bras et deux jambes, un corps soutenu par une colonne vertébrale qui nous permet de nous tenir debout.

Ce n'est pas un hasard si nous sommes tous ainsi semblables : tu es, et nous sommes tous des êtres humains.

<u>**Il est impossible de confondre un être humain avec un animal ou une chose :**</u>
tu ne t'es sûrement jamais trompé et tu as toujours su reconnaître la différence entre un enfant, un chien et une balle de ping-pong!

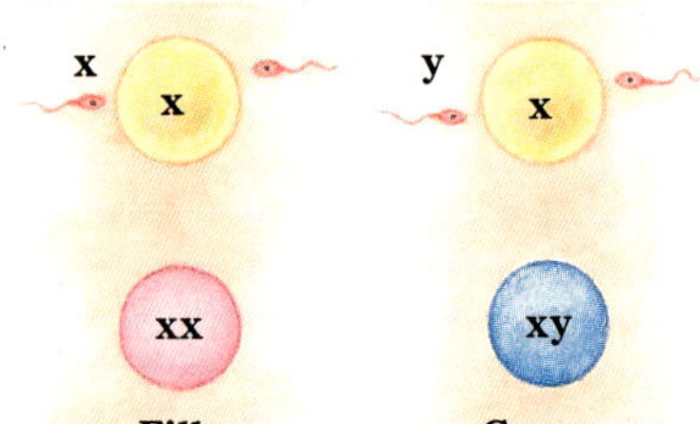

Fille Garçon

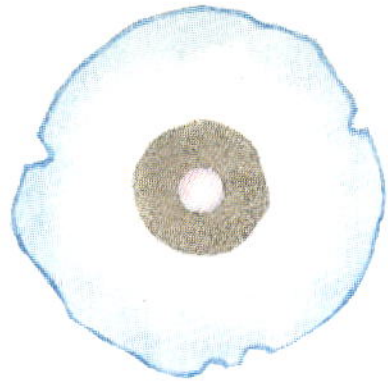
Une cellule

Naître garçon ou fille ?

Cette différence est due au hasard. Un bébé se forme au moment où deux cellules se rencontrent : une mâle et une femelle. La cellule de la maman, l'ovule, contient une sorte de bâtonnet, ou chromosome, toujours en forme de X. La cellule du papa, le spermatozoïde, a un chromosome soit en forme de X, soit en forme de Y. Si l'ovule rencontre un chromosome paternel X, cela donne une cellule XX. Le bébé sera une fille. Si l'ovule rencontre un chromosome Y, cela donne une cellule XY, ce sera un garçon. C'est la première cellule de ton corps, qui va se diviser pour donner une multitude de minuscules cellules.

Chez les animaux, le sexe du petit se détermine de la même façon.

Chaque cellule a un programme : grandir.

Impossible de faire autrement, dès la première seconde : embryon, fœtus, puis nouveau-né, enfant, adolescent, enfin adulte. Les grandes personnes ne grandissent plus. Elles changent doucement, puis, longtemps après, comme une voiture fatiguée, le moteur s'arrête : elles meurent. Mais, avec leurs enfants, la vie continue.

Il arrive qu'un os se casse : il faut plâtrer le membre fracturé.

Sans squelette, tu ne tiendrais pas debout.

Si tu sers fort un de tes doigts, tu sens quelque chose de dur : c'est un os. Il y en a plus de deux cents dans ton corps, de toutes les formes et de toutes les tailles. Certains ont des noms bizarres : semi-lunaire, astragale, fémur... Les plus petits sont au fond de ton oreille, d'autres, comme tes dents, n'ont pas l'air d'être des os.

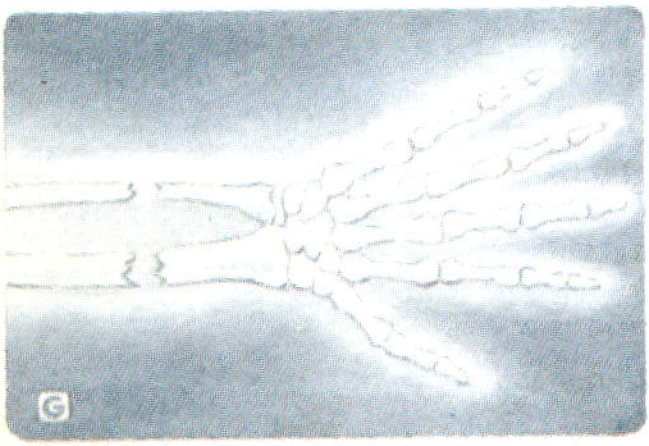

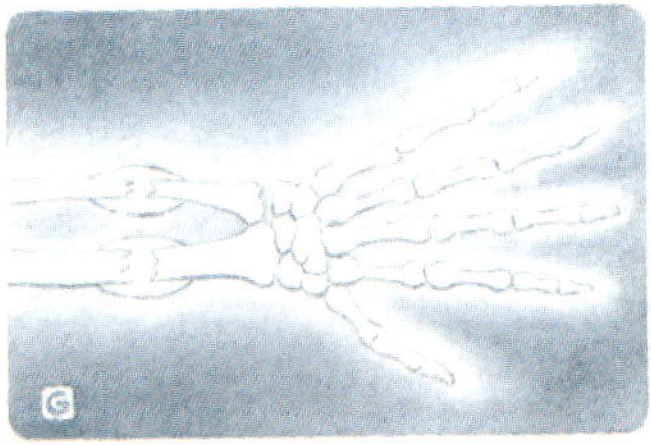

Un « cal » se forme à l'endroit de la cassure.

Ils te permettent de tenir debout et protègent ton cerveau, ton cœur, tes poumons, tes organes fragiles. Ils forment le squelette.

Certains animaux grandissent toute leur vie.

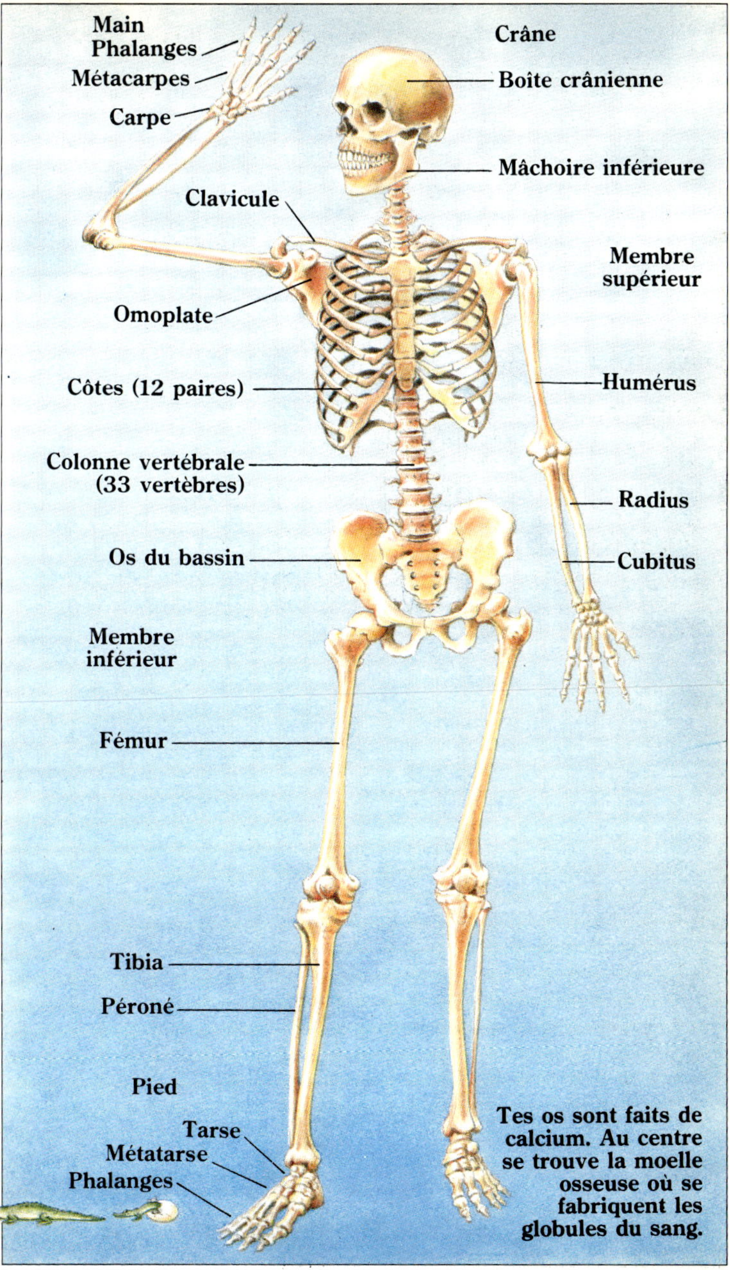

Tes os sont faits de calcium. Au centre se trouve la moelle osseuse où se fabriquent les globules du sang.

Tout seuls, tes os ne peuvent pas bouger.
Ils ont besoin des muscles.
Ces muscles fonctionnent grâce au cerveau qui leur envoie des ordres que les nerfs transmettent. Tu as plus de six cents muscles, des gros comme ceux de tes mollets ou de tes cuisses, des petits comme ta langue ou ceux qui font bouger tes yeux.
Le cœur est un muscle commandé, comme tous les muscles, par les nerfs. Mais il a en plus un automatisme qui lui permet de battre tout seul.

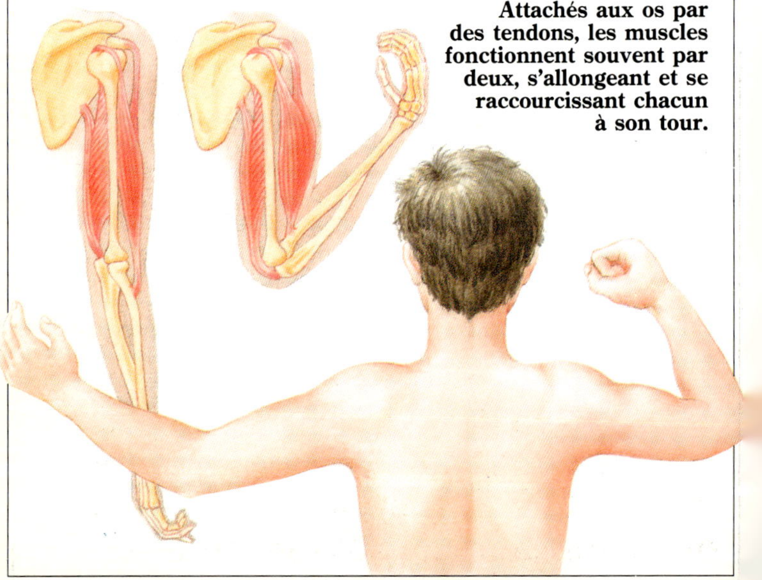

Attachés aux os par des tendons, les muscles fonctionnent souvent par deux, s'allongeant et se raccourcissant chacun à son tour.

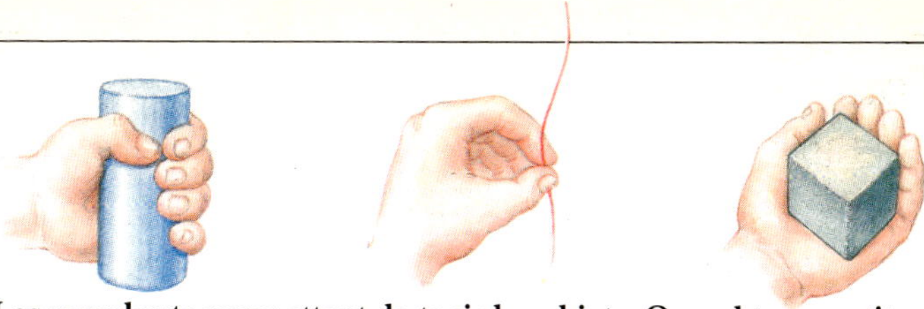

Les muscles te permettent de tenir les objets. Quand tu es petit, tu as du mal à prendre un fil très fin entre deux doigts.

Pour que tes muscles travaillent, il leur faut beaucoup d'énergie. Celle-ci vient de la nourriture. Les aliments passent dans le sang et apportent cette énergie à toutes les cellules.

Tes muscles se détendent soudain et tu bondis.

Les petits malheurs des muscles

L'un de tes muscles reste contracté, tendu au maximum? Tu ressens une crampe. S'il a trop travaillé, c'est une courbature. Il n'a pu éliminer tous les déchets, il est douloureux. Si tu as, par accident, trop tiré sur un ligament ou un tendon de ta cheville ou de ton genou, tu as une entorse.

La peau comprend deux couches : l'épiderme, au-dessus, et le derme, en dessous. Les petits trous sont des pores.

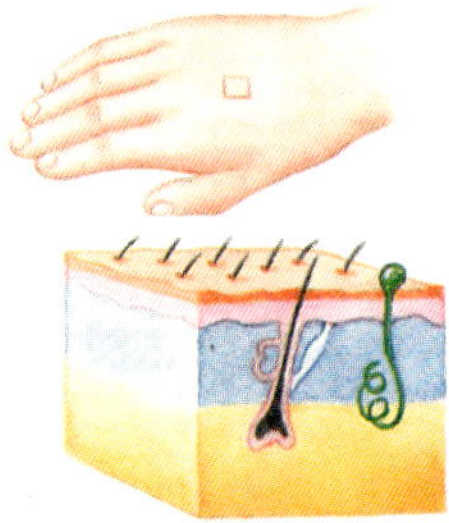

De la tête aux pieds, ton corps est couvert de peau.

Ton corps contient beaucoup d'eau. Sans cette enveloppe de peau, l'eau s'en irait au soleil et à l'air.
Tu ressemblerais alors à un pruneau tout plissé et desséché ! La peau empêche l'eau de sortir, mais aussi de rentrer : elle fabrique une sorte de graisse, le sébum, qui la rend imperméable.
Sinon, tu gonflerais comme une éponge dans ton bain !
La peau te protège comme un mur bien solide contre les microbes.
Ils ne peuvent pas traverser une peau saine.

Le soleil fait brunir mais peut aussi brûler : il faut se protéger des coups de soleil.

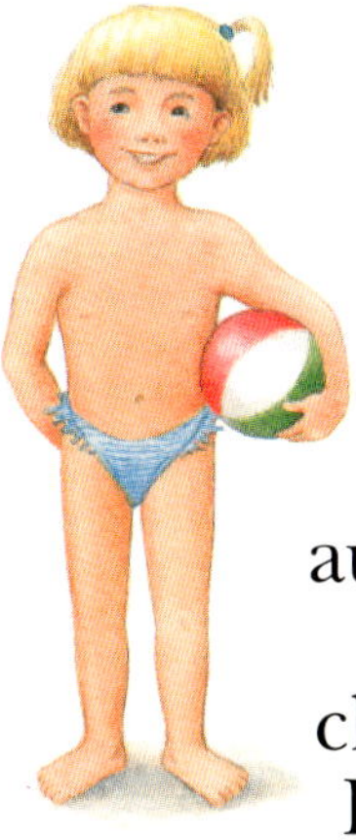

Il faut aider la peau dans son travail en portant des habits légers l'été et bien chauds l'hiver.

Elle te permet de t'adapter au chaud et au froid. Quand il fait chaud, tu transpires. Les petites glandes qui fabriquent la sueur travaillent pour te rafraîchir. Le sang circule alors beaucoup, au niveau de ta peau, pour se refroidir. Quand il fait froid, les vaisseaux de la peau se resserrent pour garder la chaleur, les poils se dressent : tu as la chair de poule!

Il faut se laver tous les jours,
car la saleté et les poussières collent au sébum. En frottant, tu enlèves la vieille couche de graisse qui est immédiatement remplacée.

Ta figure qui est toujours à l'air a besoin d'un bon coup de gant de toilette.

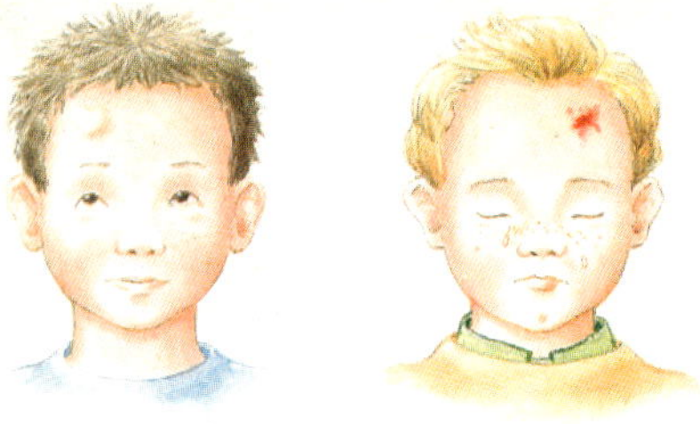

Un choc et te voilà
avec une bosse,
une écorchure
ou un bleu, quelquefois
les trois à la fois.

Des plaies et des bosses

Ta peau est solide, elle te protège. Mais il arrive parfois des accidents. Après un choc, une bosse se forme parce que du sang s'est répandu sous la peau et les tissus voisins réagissent pour se défendre. Un bleu est dû à une petite nappe de sang qui stagne sous la peau. Heureusement, des cellules spéciales réparent vite les dégâts. S'ils sont trop graves, il faut l'aide du médecin. Attention aux brûlures. Selon leur gravité, on parle de brûlures au premier, au deuxième ou au troisième degré.

De l'eau bouillante, un fer, de l'électricité, des produits de ménage peuvent brûler.

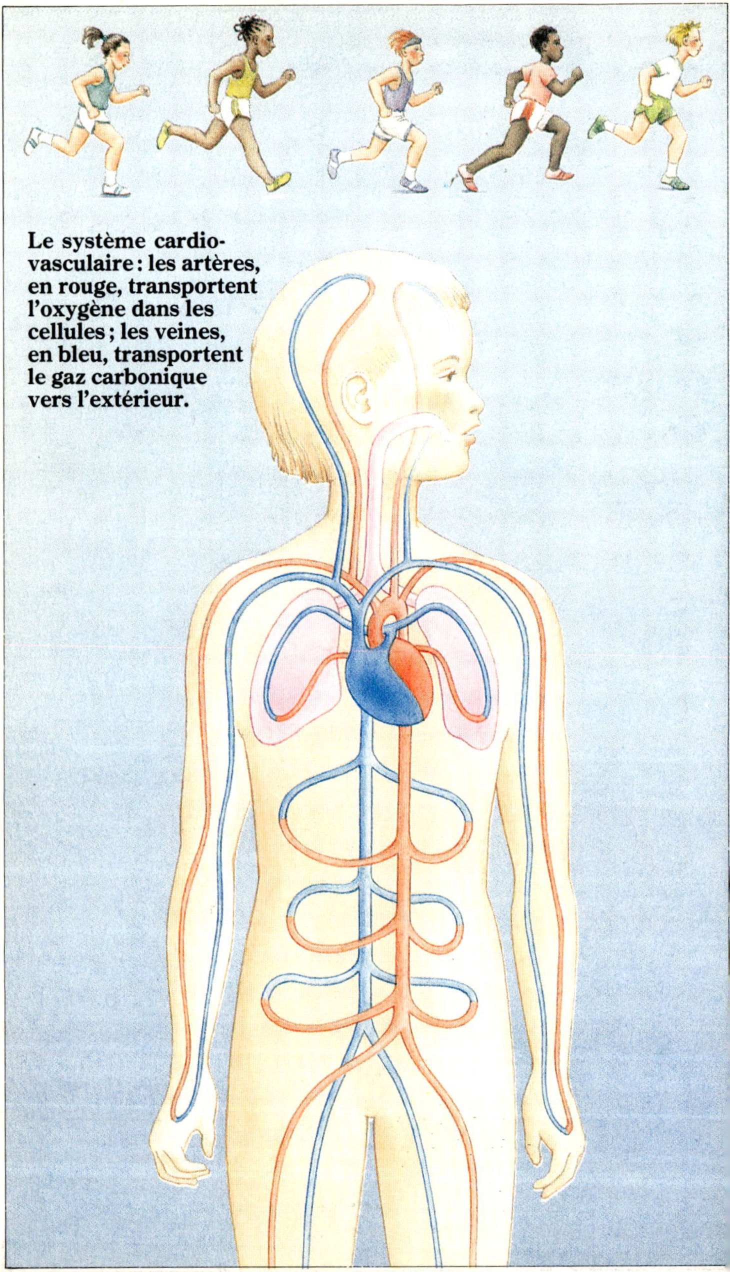

Le système cardio-vasculaire : les artères, en rouge, transportent l'oxygène dans les cellules ; les veines, en bleu, transportent le gaz carbonique vers l'extérieur.

Lorsque tu prends ton pouls, tu sens les battements de ton cœur dans une artère.

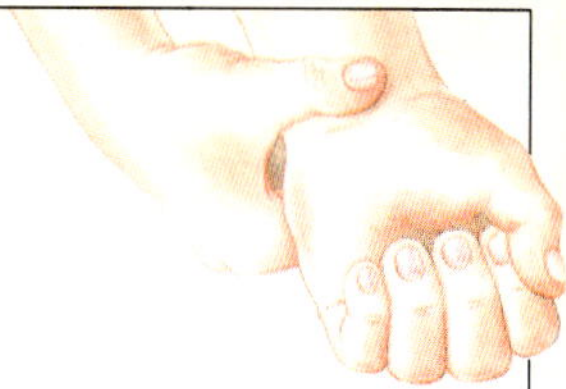

Ton cœur bat sans cesse dans ta poitrine.

Il pompe, se repose, pompe, se repose, environ soixante-dix fois par minute. Son rythme s'accélère quand tu fais un effort, se ralentit lorsque tu dors. Le cœur est le moteur du corps. Il envoie le sang jusqu'au bout des doigts. Pour circuler, celui-ci passe par des vaisseaux sanguins, sortes de tuyaux souples qui deviennent de plus en plus fins lorsqu'ils s'éloignent du cœur.

Il y a deux sortes de vaisseaux : les artères, qui partent du cœur, et les veines, qui arrivent au cœur. La circulation du sang est réglementée comme la circulation routière. Il n'y a pas de routes à double sens.

Les 3 à 4 litres de sang que tu as dans ton corps passent 1 000 fois par jour dans ton cœur.

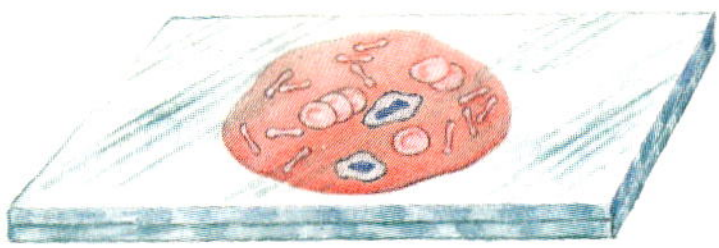

Une goutte de sang au microscope

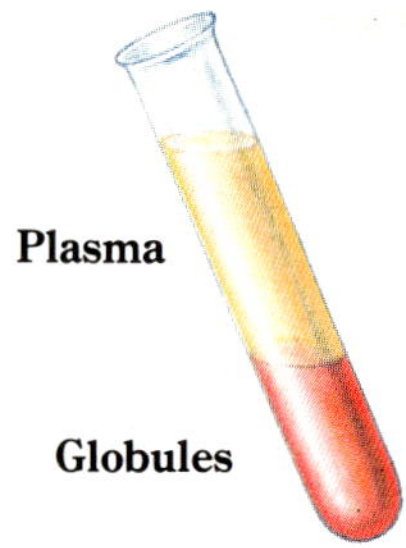

Quand tu te coupes, ton sang coule.

Il est rouge et un peu visqueux. Il est composé d'un liquide clair, le plasma, où se promènent une multitude de cellules appelées globules, rouges et blancs, et des plaquettes.

A chacun son travail

Les globules vivent environ trois mois. Les globules rouges transportent l'oxygène des poumons jusqu'aux cellules. Puis ils remportent le gaz carbonique évacué vers les poumons. Les globules blancs te protègent contre les microbes.

Ne gratte pas la croûte de tes petites blessures : elle empêche les microbes d'entrer.

Parfois, tu peux saigner du nez : un petit vaisseau, à l'intérieur du nez, s'est écorché.

Les plaquettes accourent dès qu'il y a une brèche dans un vaisseau.

Un genou écorché, et les voilà tout de suite au travail. Elles s'agglutinent pour former une sorte de filet qui retient le sang : c'est un caillot. En séchant, ce caillot va former une croûte. Quand tout est réparé, la croûte tombe, c'est fini. Tout le monde n'a pas le même sang. Il y a quatre groupes sanguins : O, A, B, AB. Il est très utile de connaître son groupe sanguin.

Les plaquettes se rassemblent autour de la blessure.

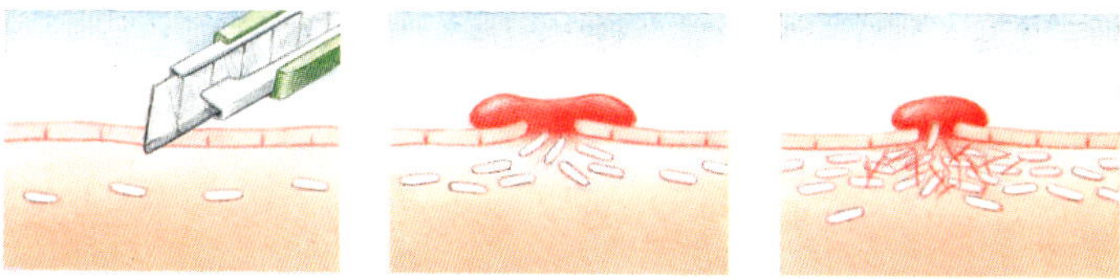

Le caillot se forme. Sous le caillot, des cellules spéciales « cicatrisent ». Au bout de quelques jours, tout est réparé.

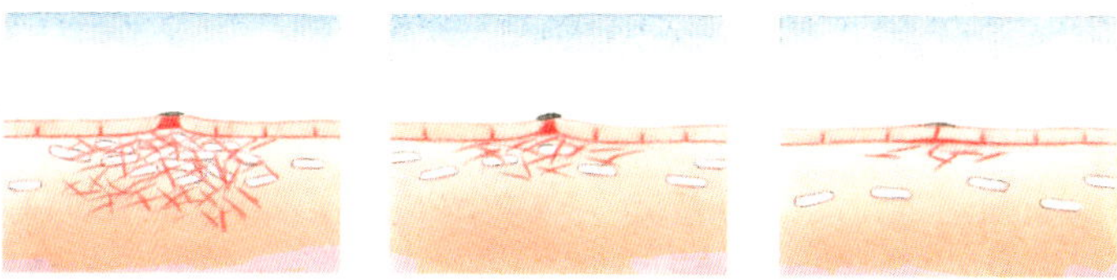

Quand il fait froid, ton haleine fait un nuage de vapeur d'eau car l'air que tu souffles est plus chaud que l'air extérieur.

En montagne, plus tu montes, moins il y a d'oxygène. Parfois, les alpinistes souffrent du mal des montagnes.

Au fond de ta gorge, il y a « une boîte à voix ». Quand tu expires, elle vibre et produit des sons : tu parles ainsi.

En naissant, ton premier geste a été de prendre une grande bouffée d'oxygène et de commencer à respirer.

Et, depuis, tu respires.

Il est impossible de t'arrêter.

La poitrine se gonfle : c'est l'inspiration. La poitrine se dégonfle : c'est l'expiration. La respiration se fait en deux temps.

L'air entre par le nez et la bouche. Dans le nez, des poils retiennent au passage saletés et microbes. Dans les poumons, air et sang ont rendez-vous. Le sang prend l'oxygène de l'air et se débarrasse de son gaz carbonique et de ses déchets, qui repartent dans l'air que tu expires.

Attention aux allergies : tu éternues, tes yeux sont rouges parce que tu respires le pollen de certaines fleurs, des plumes, des poils, de la fumée ou la poussière.

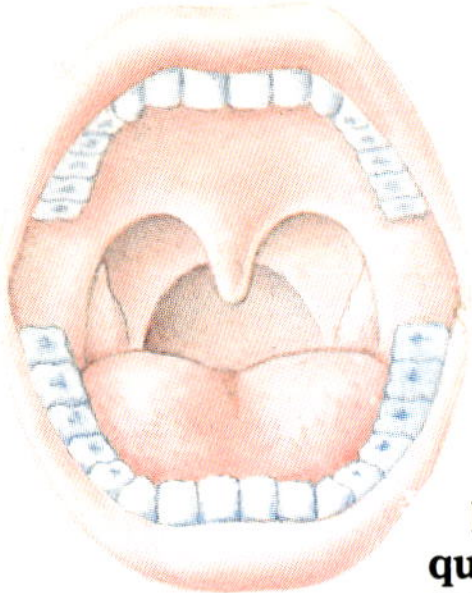

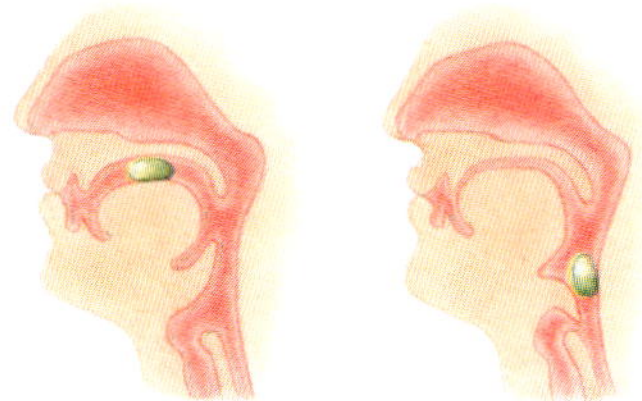

Lorsque tu avales, l'épiglotte ferme l'entrée de la trachée-artère pour que les aliments n'aillent pas dans les poumons.

Un grand voyage : la digestion

Tu manges pour te donner des forces.

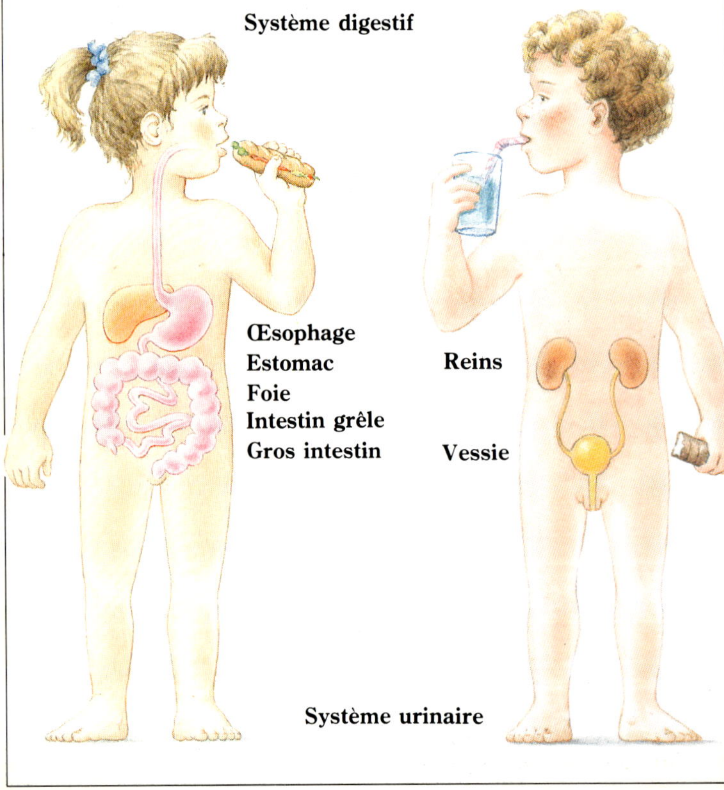

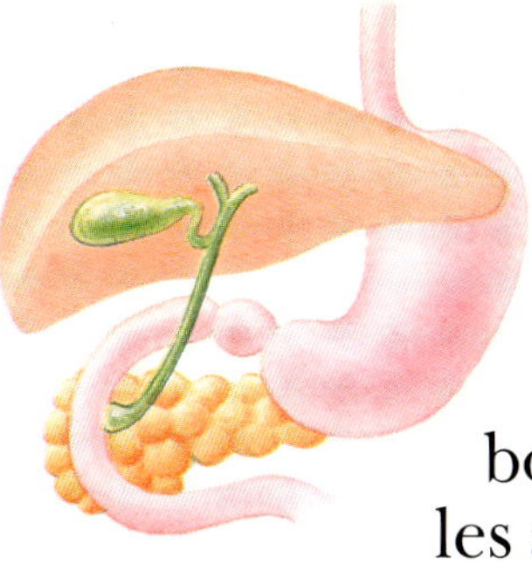

Le foie déverse dans l'intestin un liquide qui sert à digérer : la bile.

D'abord, tu mâches bien pour réduire ce que tu manges en bouillie. Puis tu avales : les aliments descendent l'œsophage, sont mixés en particules très fines dans l'estomac. Ils gagnent l'intestin grêle, qui trie ce qui est utile et ce qui ne l'est pas. L'inutile est évacué par le gros intestin et l'anus. L'utile passe dans le sang et va nourrir les cellules. Le sang récupère leurs déchets et, pour se nettoyer, passe dans des filtres : les deux reins qui fabriquent l'urine.

As-tu mal au ventre?

Tu as trop mangé, ou mangé quelque chose de mauvais, ou bien c'est un microbe, ou encore tu n'as pas assez bu d'eau : tu es constipé.

Quand tu dis : «J'ai mal au cœur», c'est ton estomac qui se manifeste. Ton cœur n'a rien à y voir.

A ton âge, on grandit beaucoup. Pour construire une belle maison, il faut de bons matériaux.

Pour bien grandir, il te faut une alimentation équilibrée.

Nous ne pouvons pas vivre en mangeant toujours les mêmes choses. Les scientifiques ont montré que les repas d'une journée doivent apporter au moins un aliment de chacun de ces six groupes, sans oublier l'eau. Les fruits et les légumes apportent les vitamines, outils nécessaires à la vie. La viande, le poisson, les œufs, les laitages servent de matériaux de construction. Sucres et graisses fournissent l'énergie nécessaire au bon fonctionnement du corps, mais il ne faut pas en abuser.

Tu manges des aliments de toute origine : minérale (eau et sel), animale (viande), végétale (légumes). Tu es un omnivore.

Comment tout fonctionne-t-il si bien?

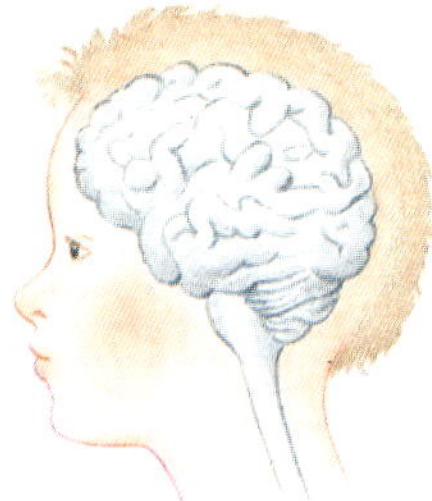

Grâce au système nerveux, dispositif très perfectionné qui comprend le cerveau, la moelle épinière et des kilomètres de nerfs. Lisse quand tu es petit, ton cerveau grossit en se plissant et ressemble à une grosse noix.

Lorsque tu ne réfléchis pas, on te dit : «Tu as une cervelle d'oiseau» parce que les animaux ont un cerveau beaucoup moins perfectionné que le tien.

Composé de milliards de cellules nerveuses, ton cerveau travaille comme un central téléphonique.

Tu t'es brûlé : le message arrive à ton cerveau, tu as mal et tu retires ton bras!

Il faut enfoncer le cube dans le carré : l'ordre part de ton cerveau.

Les cinq sens : l'odorat, le goût, le toucher, la vue et l'ouïe ont leur centre dans le cerveau.

Sans arrêt, il envoie et reçoit des milliers de messages, les trie et répond.

Les nerfs sont les câbles qui véhiculent ces messages. Certains d'entre eux sont sous ton contrôle : le feu est rouge, donc je traverse. Beaucoup sont incontrôlés : le fonctionnement de ton cœur, de tes poumons...

Droitier ou gaucher ?

Ton cerveau est divisé en deux hémisphères : un droit et un gauche. Chacun commande les mouvements du côté opposé du corps. Un côté domine, en général le gauche, donc tu es droitier. Si c'est l'inverse, tu es gaucher.

La moelle épinière sert de câble central, collectant les messages à tous les niveaux.

Tu as des frissons, tu ne te sens pas bien, tu as de la fièvre : c'est le signe d'une infection.

Bactéries, virus : ces microbes, les plus petits habitants de la terre, viennent parfois t'empoisonner la vie. Certains sont tes amis, tu en as besoin. Mais d'autres sont tes ennemis. S'ils arrivent à forcer les barrières de sécurité, ils provoquent une infection : aussitôt, la guerre s'engage entre ton corps et les microbes. Tu as de la fièvre car la chaleur peut tuer certains microbes.

En toussant et en éternuant, tu évacues des microbes.

Les globules blancs partent à l'attaque.
Ils avalent les microbes.
La moelle osseuse qui fabrique ces globules doit en accélérer la production.
Parfois tu gagnes seul.
Sinon, les médicaments, comme les antibiotiques, sont là pour t'aider.
Les vaccins évitent aussi de nombreuses maladies : la rougeole, la rubéole, les oreillons, la coqueluche ne sont plus, en principe, très graves aujourd'hui grâce aux vaccins.
Ces maladies s'appellent des maladies infantiles, car on les attrape surtout lorsqu'on est enfant.

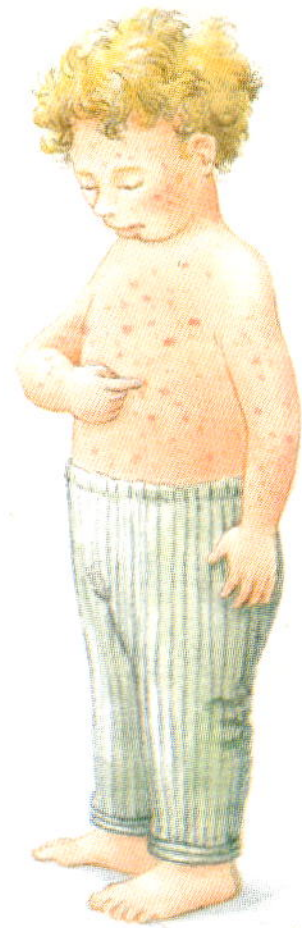

Rester au lit bien au chaud est un bon moyen pour guérir !

Rien de tel que de pratiquer un sport que tu aimes : l'exercice physique est indispensable au corps.

Chez le pédiatre, médecin des enfants, la taille, le poids, la vue et les vaccins sont vérifiés régulièrement.

Il faut se laver chaque jour. On enlève la vieille couche de sébum : une nouvelle la remplace aussitôt, toute neuve.

Attention aux mauvaises positions du dos

Ton corps est comme une belle machine qui tourne jour et nuit.

Elle est magnifiquement réglée, mais il y a parfois des pannes, des petites ou des plus graves. Il faut réparer. Tout cela, c'est vivre, et, pour vivre, il faut prendre soin de sa machine : bien se nourrir en mangeant de tout, être propre pour chasser les microbes, dormir assez pour laisser le corps se reposer et bien grandir.

Ton histoire médicale est inscrite dans ton carnet de santé, que le médecin remplit à chaque visite.

Au printemps, la chaleur qui revient réveille certains microbes qui s'étaient endormis avec le froid.

Les rythmes de la vie

Notre corps fonctionne selon ses rythmes propres, qui suivent le jour, la nuit, les saisons, la chaleur, le froid. Certaines personnes sont plus actives le soir et préfèrent se réveiller tard le matin. D'autres sont du matin et aiment se lever tôt.
Mais que l'on soit du soir ou du matin, il faut s'adapter pour avoir une vie harmonieuse avec les autres.

L'été, nous faisons, grâce au soleil, des provisions de vitamine D. Elle est indispensable pour affronter l'hiver.

**Voilà l'automne, l'activité des animaux se ralentit.
Pour toi, c'est la rentrée des classes.**

Notre organisme est réglé comme une horloge.

Nous avons une « horloge interne ». Pendant la nuit, beaucoup de mécanismes fonctionnent dans notre corps. Par exemple, deux heures avant le réveil, il sécrète des substances particulières qui préparent la journée. Le matin, notre température est toujours plus basse que le soir. L'activité de la journée la fait monter.

En hiver, certains animaux s'endorment. Pour nous, il est dur de se lever le matin, dans l'obscurité !

*Je demande : « Mère,
où sont tes joues si
roses ?
– Sur les joues de mon
enfant, couleur de
fraîcheur... »*

Kuong Hun Dung
*Anthologie de la poésie
vietnamienne,*
Gallimard, Unesco 1981

VIRELAI

Suis-je, suis-je, suis-je belle ?
Il me semble, à mon avis,
Que j'ai beau front et doux viz[1]
Et la bouche vermeillette ;
Dites-moi si je suis belle.
J'ai verts yeux, petits sourcils,
Le chef blond[2]*, le nez traitis*[3]
Rond menton, blanche gorgette ;
Suis-je, suis-je, suis-je belle ?
...

Eustache Deschamps,
Vertus

1. visage
2. la tête blonde
3. délicat